Astronomía del nacimiento de Jesucristo

Nacido el primero de Tishrei del 3 A.C.

Por Fernando Castro Chávez

Dedicatoria: A mis futuros hijos:

"Se encorvó, se echó como león (*aryeh: Ariel*), **como_gran_león** (*ukelabi; v.gr.: Leo*): **¿quién_lo_inquietará?** (*yeqimennu*) **No será quitado** (*yasur, o ekleipsei: eclipsado*) **el cetro de Judá ni el bastón de mando de entre sus_pies** (*raglaw: Régulo*)**, hasta que llegue Siloh** (*Aquel a quien le corresponde*)"

Gn. 49:9b-10a (profetiza Jacob, 2005 – 1885 A. C.)

"**Apareció en el cielo una gran señal** (*semeion: signo, v.gr.: constelación*)**: una mujer** (*Virgo*) **vestida del sol, con la luna debajo de sus pies** (*evento del inicio del 1 Tishrei, 3 A. C.*) **y sobre_su_cabeza** (*"encabezando"*) **una corona** (*v.gr.: Eclíptica*) **de doce estrellas** (*los 12 signos del Zodiaco*)"

Ap. 12:1 (narra Juan, ~ 6 - 101 D. C.)

ÍNDICE (# de la versión impresa)

00a. Dedicatoria, 1
00b. ÍNDICE, 2
00c. Prólogo, 3
01. El ciclo de los cielos nos repite el plan de Dios, 5
02. Los cielos nos narran la victoria de Cristo, 12
03. Poniendo en movimiento las profecías del nacimiento de Jesús, 21
04. ¿Y en dónde se encontraban los enemigos?, 33
05. ¿Quiénes eran y cuándo llegaron los Magoi?, 38
06. Apéndice del Capítulo 5, 46

PRÓLOGO

Es de la mayor alegría para mí el finalmente poner en orden algunos de los innumerables detalles acerca del bendito nacimiento de nuestro gran Señor y Salvador Jesucristo.

Dios, en su infinita sabiduría, quiso dejar testimonio astronómico e histórico incontrovertible de la llegada de su único hijo en toda la historia de todos los tiempos del universo, concebido de la forma en que lo fue: a partir de la mujer más creyente y fiel de esa época, pudo Dios crear el número cromosómico complementario, dominante y para producir a un varón (el cromosoma Y) dentro de uno de los óvulos de María, para nueve meses después, tal y como había sido profetizado por Malaquías, verlo nacer, en uno de los "estacionamientos" para animales de transporte en Belén, mientras que eventos especiales sucedían, tanto en los cielos estrellados como en la tierra y sus sonidos. De hecho, los eventos celestiales se expandieron durante más de un año, tanto desde antes de que el Mesías prometido naciera, como hasta después, cuando los sabios del oriente llegaron a presentarle sus ofrendas.

Este libro se propone desentrañar, tanto los eventos históricos ordenados en la ley, como los eventos astronómicos profetizados en el A.T., que anunciarían la venida única e incomparable del Cristo, Salvador del mundo.

Se ajustan ya 2,020 años desde que nació Jesucristo (el 11 de septiembre del año 3 A.C.) este primero de Tishrei que viene, que este año cae el lunes 10 de septiembre, lo que nos daría también sus 1990 (el 20 de junio del año 28 D.C., que es el 8 de Sivan) años desde que nos envió el santo espíritu de lo alto (este pasado 20 de mayo), que es cuando se completó "el año agradable del Señor" (el que comenzara el 16 de febrero del año 27 D.C., que equivale al Shebat 20, es decir que su servicio duró un año y unos cuatro meses o 490 días), pero esto requeriría de otro estudio para ver "La cronología del servicio de Jesús".

Celebremos pues la vida de Jesucristo, nuestro permanente, verdadero y espiritual Maestro, con gran alegría al saber que lo tenemos de nuestro lado para toda situación y momento, y esto lo tenemos ¡para siempre!

Ahora, el hecho de que Dionisio el exiguo se haya equivocado en unos años cuando calculó el nacimiento de Cristo en nada demerita su esfuerzo de considerar a Jesucristo como el "parte-aguas" de la historia, y que a partir de él está disponible ¡toda una nueva era, y toda una nueva humanidad!; vivamos, pues, como "**Después de Cristo**" (D.C.) y no como *Antes de Cristo* (A.C.).

Mi presentación en la que se basa este estudio se encuentra en: https://youtu.be/9-EcBMbt9bc

Fernando Castro Chávez

29 de agosto del 2018

CAPÍTULO 1

El ciclo de los cielos nos repite el plan de Dios

Quisiera comenzar con una escritura poderosa acerca de la infinita sabiduría de nuestro Dios excelso:

"**Él** (*Yahweh: El Dios Fiel*) **cuenta el número de las estrellas; a todas ellas llama por sus nombres. Grande es el Señor nuestro, y mucho su poder, y su entendimiento es infinito**" Sal. 147:4-5.

Es sorprendente el ver que la fidelidad de Dios es equiparada a la fidelidad de los movimientos celestiales que son cual una maquinaria de la más alta precisión.

Además, y dado que existe un número sin fin de estrellas (y esto es necesariamente así porque nuevas estrellas están surgiendo a cada microsegundo en alguno u otro lugar del universo) por galaxia, y un número sin fin de galaxias, solamente la inteligencia y memoria de Dios es capaz de decirnos cuántas son en un determinado momento, y los nombres específicos de cada una de ellas, incluyendo a sus planetas y sus lunas.

Este estudio lo presenté inicialmente en español el 11 de septiembre del 2015, y fue precisamente otro once de septiembre, pero esta vez del año 3 A.C., el cual coincidió en aquella ocasión con el inicio del calendario judío: el primero de Tishrei (también escrito Tishri), cuando nuestro Señor y Salvador vino al mundo, justo al atardecer, cuando comenzaban los días en el mundo hebreo, justo en cuanto ya no era posible de ver al Sol, pero cuando se posaba sobre aquel horizonte la estrella más brillante de la constelación de Virgo: la *"Spica"*, que en hebreo se llama: *"Semah"*: *"El brote"* o *"El renuevo"*; la Luna en su cuarto creciente (con sus *"cuernos"* hacia abajo) estaba a los pies de dicha constelación, y el Sol que se acababa de ocultar aún iluminaba, vistiéndola, a la tarde.

Justo cuando el niño nacía, en el horizonte se escuchó el sonido del *Shofar*, producido por un largo cuerno de carnero, que junto con las otras trompetas de plata, era el único inicio de un mes del año en el que se tocaba, por eso se llamaba el doble toque de trompetas, y el hecho de ser de carnero era también profético del que habría de venir.

Luego, nos corresponde leer la escritura de aquel momento en el que Dios estaba re-ordenando al universo entero, que cual reloj mecánico de precisión, había quedad bajo el agua, y como experto relojero, aún cuando sabía que estaba ligeramente propenso al retraso y con sus números un poco desteñidos, pero Dios sabía sin embargo, que sería de nuevo plenamente funcional, por lo tanto, estaba Él re-encendiendo a las estrellas, y reanudando el movimiento planetario universal, y nos lo dice así:

"**Dijo luego Dios: «Haya lumbreras en el firmamento de los cielos para separar el día de la noche, que sirvan de señales** (*semeia, en la Septuaginta, gr.*) **para las estaciones** (*kairous, en la Septuaginta, gr.*)**, los días y los años, y sean por lumbreras en el firmamento celeste para_alumbrar** (*le-jair, heb.: para dar luz*) **sobre la tierra.» Y fue así**" Gn. 1:14-15.

El hecho de que el Sol es una lumbrera, es decir una estrella, nos indica que ya existían las mismas, pero lo que pasa es que al quedar sumergidas bajo el agua: ¡se apagaron!, por lo que aquí Dios las está encendiendo de nuevo, y claro, a partir también de este reordenamiento, surgirían nuevas estrellas sin fin de allí en delante debido a la expansión del universo que Dios mismo había echado a andar un par de días antes.

Y desde luego, una vez que el Sol y el resto de las estrellas estaban encendidos, también los satélites o lunas comenzaron a reflejar su luz sobre sus superficies, siendo así las lumbreras menores de la noche, aparte de las estrellas distantes con sus luces propias.

Luego dice que estas luces en el cielo servirían de *"señales"*, y esta es precisamente la palabra que se usa en Ap. 12:1 cuando dice que apareció en el cielo una gran "señal", en ambos casos la misma raíz griega de *"semeion"* es usada, lo que indica que en sus agrupamientos como constelaciones eran *"grandes señales"*, y sabemos que una *"señal"* es un *"signo"*, por lo que eso se pudiera traducir como: apareció en el cielo un gran *"signo"*, y entendemos que Dios ha preservado milagrosamente el sentido de las palabras al pensar nosotros a lo que se está refiriendo: *"un gran signo"* del zodiaco, en este caso: Virgo.

Y ya que mencionamos esto y que estamos hablando acerca de esto, hemos de aclarar desde un principio que esto no tiene que ver en lo absoluto con la astrología ni con los horóscopos, si desean una definición más adecuada de lo que esto es, se podría pensar en la: *"Astronomía bíblica"*, en la *"Astronomía bíblico – profética"* y cosas semejantes, como también lo veremos más adelante.

Entonces una señal es algo que anuncia la llegada de las cosas profetizadas, que anuncia la venida de cosas anunciadas, y a decir *"señales para las estaciones"*, la segunda palabra viene de la raíz griega *"kairos"* que es un breve período de tiempo, y por lo tanto se traduce como *"estación"*, por ejemplo, el nacimiento de Cristo se presentó como un evento breve, y en ese caso fue un *"kairos"*, además de haber sido algo de una sola ocasión, pero notando *"kairos"* también se usa para eventos cíclicos como las estaciones, o como algo que se da más de una vez, como la venida de Cristo.

Y una observación más que se puede hacer de la infinidad de información que nos aporta un sólo versículo divino: al decir que es para alumbrar, la palabra hebrea también se puede entender como para dar luz en el sentido de dar entendimiento de las cosas, que es precisamente lo que las constelaciones hacen bajo la guía divina, desde el punto de vista del ojo humano sobre la tierra, el único lugar desde el que todas las profecías astronómicas tienen sentido, es por eso que decimos que de todo el vasto universo: ¡somos privilegiados y somos únicos!

A continuación quisiera presentar lo que dijera uno de mis héroes del *"Diseño inteligente"*, de su *"Escolio General"* (1726):

"El más bello sistema del sol, planetas, y cometas, solamente pudo haber sido originado a partir del consejo y dominio de un Ser inteligente y Poderoso" Isaac Newton.

Y a continuación veremos una de las más detalladas y bellas escrituras, astronómicamente hablando, de toda la Biblia, escrita por David, lo dejo en la forma de su poesía:

"**Los cielos cuentan** (*sapperim: reiteran*) **la gloria de Dios
y el firmamento anuncia la obra de sus manos.
Un día emite palabra a otro día
y una noche a otra noche declara sabiduría.
No hay lenguaje ni palabras
ni es oída su voz.
Por toda la tierra salió su voz** (*qaw wam: su línea*)
**y hasta el extremo del mundo sus palabras.
En ellos puso tabernáculos** (*ohel: tiendas temporales*)
**para el sol;
y éste, como esposo que sale de su alcoba** (*huppatow: cámara nupcial; v.gr.: comenzando a partir de Virgo*),
**se alegra cual gigante para correr el camino.
De un extremo de los cielos es su salida
y su curso hasta el término de ellos.
Nada hay que se esconda de su calor**" Sal. 19:1-6.

De nuevo, estas escrituras están llenas de contenido más allá de todo lo que aquí pudiéramos describir o percibir, pero enfatizaremos algunas cosas fundamentales que se desprenden de esto:

Primero, el hecho de que los cielos *"cuentan"*, es una palabra que se podría traducir como *"repiten una y otra vez"*, es fabuloso científicamente porque nos indica de la periodicidad y de los ciclos de la mayoría de los cuerpos celestes duraderos.

Segundo, el hecho de que en el original hebreo dice *"Su línea"*, es algo maravilloso porque esto es lo que el Sol les traza: una línea constante y curveándose, lo que nos produce la eclíptica, que es la ruta anual del Sol y de las doce constelaciones principales, llamadas, como hemos visto: *"los signos del zodiaco"*, los cuales rigen el significado del resto de las constelaciones que se encuentran fuera de la eclíptica, en grupos de cuatro, incluyendo a esas de la eclíptica. Y esto lo dice David inspirado, justo antes, precisamente, de referirse al sol:

Tercero, Dios nos enseña aquí que el Sol posee *"tabernáculos"*, es decir *"viviendas temporales"*, que cuando las estudiamos, descubrimos que Dios diseñó para el Sol que éste pasara por una constelación por mes, siendo cada una de las constelaciones como una *"tienda portátil"* temporal y diferente para cada mes, ¡y cada año se repite el ciclo! Pero: ¿de dónde se comenzaría? O: ¿cuál sería el punto de partida del sol? Y esto es lo que nos va a responder el siguiente punto:

Cuarto: y aquí se nos dice que el Sol sale de su cámara nupcial, siendo este su punto de partida, y si vemos cual sería de las doce constelaciones la que cumpliera con esa definición, vemos que la única que posee la representación de una mujer es *"Virgo"*, por lo que, figurativamente, después de posar el Sol con ella, sale para cumplir su misión. ¡Es notable que Dios nos deje en este Salmo 19 la indicación de cual sea el punto para que nosotros podamos comenzar a leer este libro de sus constelaciones! Lo único que alcanzó a ver de esto E. W. Büllinger, quien escribió en inglés *"The Witness of the Stars"* (*"El testimonio de las estrellas"*), apoyado en otros dos trabajos, un escrito por el Dr. Seiss y el otro por la visionaria Frances Rolleston, es que los paganos también habían dejado un testimonio de cuál era el comienzo, y también el final en el caso de ellos, para poder leer e interpretar las constelaciones: ¡y lo habían dejado en la Gran Esfinge de Giza (y representaciones semejantes)! Las cuales comenzaban con el rostro de una mujer y cuyo resto era el cuerpo de un león, lo que para E. W. B. significó el inicio para leer las constelaciones de la eclíptica, también llamados *"los Signos"*, es Virgo, y el final es Leo.

Hay más que decir de ese portentoso Salmo, pero por lo pronto aquí le dejamos y continuamos con una ilustración que nos muestra que el cielo del campo, sin luces artificiales es el mejor para estudiar las constelaciones. Luego veremos, así como Dios nos dice por donde comenzar a leer los cielos, tenemos también una escritura vital inicial para poder entender el inicio de la cuenta de cada día según el plan de Dios, y por lo tanto la mentalidad oriental que se derivó del mismo:

"Dijo Dios: «Sea la luz.» Y fue la luz. Vio Dios que la luz era buena, y separó la luz de las tinieblas. Llamó a la luz «día», y a las tinieblas llamó «noche». Y fue la tarde y la mañana del primer día" Gn. 1:3-5.

Y siempre que leo esto me deleita el darme cuenta que esta es una luz de una categoría y calidad diferente que la luz a la que nosotros estamos acostumbrados, que es la derivada del sol y las estrellas, la cual no estaba presente aún en este día primero, sino que llegó a ser encendida hasta el día cuarto. Y, evidentemente, esta luz era también capaz de generar calor, ya que en este punto era lo que se necesitaba para comenzar a derretir todo ese hielo universal que en el caso de la tierra se había reflejado en la "Primera Era Glacial" (o "Primera Gran Glaciación"), cuando todos los dinosaurios desaparecieron de sobre la faz de la tierra.

Pero, el otro punto que aquí quisiera yo enfatizar es el de que aquí Dios nos dice cómo comenzar a contar cada día: a partir del momento en el que el sol desaparece tras el horizonte: ¡allí comienza un nuevo día! Por lo tanto, los días bíblicos y hebreos iban de atardecer a atardecer. No fue sino hasta milenios después que los romanos decidieran que el cambio del día se haría a partir de las doce de la noche, pero cuando pensamos en ello nos damos cuenta que a esa hora en realidad no sucede ningún evento astronómico regular que pudiera dar la cuenta racional o lógica del porqué se eligió esa hora, lo cual se hizo simplemente por pura arbitrariedad y a eso es a lo que estamos acostumbrados en la actualidad, pero para entender los detalles finos de la cronología de la Biblia es bueno darnos cuenta de este punto, ya que para el nacimiento de Cristo es crucial entender que sucedió exactamente cuando daba comienzo un nuevo día, un nuevo mes y un nuevo año, y en realidad: ¡una nueva esperanza para toda la humanidad había llegado al mundo!

CAPÍTULO 2

Los cielos nos narran la victoria de Cristo

Dos libros a partir de aquí me son muy importantes en mi estudio, así como para el capítulo anterior lo fue el de E. W. B., aquí el investigador que *"se quemó las pestañas"* para entender la verdad de la fecha del nacimiento de Cristo fue Ernest L. Martin, en su libro: *"The Star of Bethlehem: The Star that Astonished the World"* (*"La estrella de Belén: La estrella que asombró al mundo"*), y en segundo lugar el trabajo titulado *"Jesus Christ Our Promised Seed"* (*"Jesucristo nuestra simiente prometida"*), un trabajo basado en el anterior y hecho por un equipo de investigación bíblica firmado por Victor P. Wierwille.

Comencemos viendo una escritura fundamental para este estudio, tal y como aparece en mi epígrafe, excepto aquí más centrada:

> "**Apareció en el cielo una gran señal** (*semeion: signo, v.gr.: constelación*): **una mujer** (*Virgo*) **vestida del sol, con la luna debajo de sus pies** (*evento del inicio del 1 Tishrei, 3 A. C.*) **y sobre_su_cabeza** (*"encabezando"*) **una corona** (*v.gr.: Eclíptica*) **de doce estrellas** (*los 12 signos del Zodiaco*)" Ap. 12:1.

Entonces, una palabra que ya hemos visto es la palabra *"señal"* que es *"semeion"*: *"signo"*, y se refiere a un *"signo del zodiaco"*: Virgo, y las características astronómicas celestiales que se detallan sucedieron de esa manera precisa al atardecer de nuestro once de septiembre del año 3. A.C., que para los hebreos era el inicio de su año: el primero de Tishrei, cuando comenzaba el día. Enfatizando aquí que la Luna era una luna nueva, no visible pero presente y próxima a tener los *"cuernos"* mirando hacia abajo (en forma de *"D"*, al comenzar con su *"crescendo"*).

Ahora, aparte de estos libros, una herramienta que me ha resultado vital es el programa electrónico *"SkyMap Pro 9 Demo"*, que yo uso, cuando lo uso, que es básicamente para presentar estos temas, en Windows 7 dentro de una máquina virtual, ya que no es compatible con Windows 10. Las fotos celestiales que presento en este trabajo proceden de dicho software, como la siguiente, que es la descripción visual, astronómica de lo que el versículo anterior nos narra:

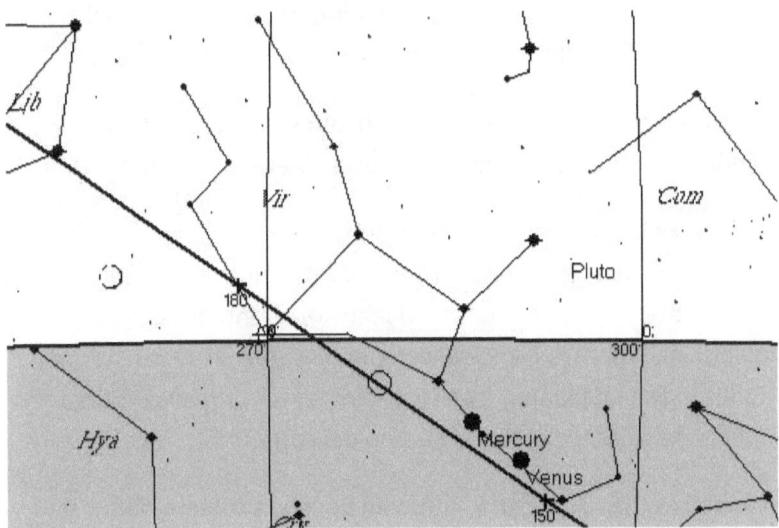

Desde Jerusalén (ubicado a unos 9 km de Belén) el cielo se veía así el 11 de septiembre del año 3 A. C. a las 7:09 PM, cuando la estrella Spica, de la constelación Virgo tocaba el horizonte, el Sol estaba a sus espaldas y la Luna en cuarto creciente a sus pies

En este preciso momento se comenzó a escuchar el sonido de el *shofar* (el *"corno"* o *"cuerno de carnero"*) y de las trompetas de plata, ya que la ley dada por Dios les pedía hacer esto de principio a fin del día que comenzaba el año civil, el que coincide con el mes séptimo, llamado por ellos el *"Rosh Hashaná"*, y es cuando se celebrara *"La fiesta de las trompetas"*; y sin saberlo ellos, así también recibieron a su verdadero rey.

La ley nos lo dice así, acerca del tan especial día de la *"Fiesta de las trompetas"*:

"Habla a los hijos de Israel y diles: El primer día del séptimo mes tendréis día de descanso, una conmemoración al son de trompetas (*shophar: cornetas, cuernos de carnero*) **y una santa convocación"** Lev. 23:24

Para Dios era ese un día tan especial y en Su infinita sabiduría sabía que ese día nacería Su hijo, por lo que lo convirtió en un día festivo, sin importar en que día de la semana cayera.

"Tocad la trompeta (*shophar*) **en la nueva luna, en el día señalado, en el día de nuestra fiesta solemne"** Sal. 81:3

El sonido del cuerno del carnero para el día especial, cuando se tocaba ese doble toque de trompetas, y aún las solemnidades y festejos eran mucho más intensos que en cualquiera de los otros inicios de mes; ya que el resto de las ocasiones, se tocaban más comúnmente aquellas largas trompetas de plata en lugar del cuerno del carnero:

"En vuestros días de alegría, como en vuestras solemnidades y principios de mes, tocaréis las trompetas (*shosheroth: trompetas de plata*) **sobre vuestros holocaustos y sobre los sacrificios de paz, y os servirán de memorial delante de vuestro Dios. Yo, Jehová, vuestro Dios"** Nm. 10:10

El shofar también era tocado para cuando un rey era ungido:

"Tocaréis la trompeta (*shofar*) **y gritaréis: "¡Viva el rey Salomón!"** 1 Re. 1:34b

"Luego tocaron la bocina (*shofar*) **y gritaron: «Jehú es el rey»"** 2 Re. 9:13b

Así como las trompetas de plata para la misma ceremonia:

"**Vio al rey** (*Joás, de siete años de edad*)**, que estaba junto a la columna, conforme a la costumbre, a los príncipes y los trompeteros** (*shosherowth*) **junto al rey, y a todo el pueblo del país que se regocijaba y tocaba las trompetas** (*shosherowth*)" 2 Re. 11:14b

Por eso el siguiente versículo nos dice que ambos instrumentos eran tocados para ese momento, especialmente para nuestro rey: El Dios Fiel:

"**Aclamad con trompetas** (*shosherowth*) **y sonidos de bocina** (*shofar*)**, delante del Rey, el Dios Fiel** (*Yahweh*)" Sal. 98:6

Y lo mismo va a suceder en los tiempos cuando finalmente el "Rey de reyes" y "Señor de señores" sea coronado en el futuro, ya que se escuchará la trompeta, y aquí también recordando que Tishrei era el séptimo mes según el calendario religioso de Israel que comenzaba con la Pascua, y séptimo también es el ángel que toca la trompeta para la coronación futura de Cristo:

"**El séptimo ángel tocó la trompeta** (*esalpisen*)**, y hubo grandes voces en el cielo, que decían: «Los reinos del mundo han venido a ser de nuestro Señor y de su Cristo; y él reinará por los siglos de los siglos.»**" Ap. 11:15

Luego la evidencia de los pastores a los que les habló el ángel y que vieron ángeles, estando después del atardecer aún cuidando sus rebaños, lo que es posible en otoño pero no en invierno; además el edicto de César hubiera sido muy cruel y sin tacto si se ha ordenado para el invierno, cuando en otoño era muy adecuado el clima para viajar a registrar su lealtad a él (ya que recordemos que María viajaba en su última semana de embarazo sobre una bestia, forzarle a hacer lo cual sería muy cruel en invierno, pero no así en otoño, el tiempo adecuado para emprender dicho viaje, ya que su viaje fue de Nazaret a Belén, y como ahora sabemos, esto sucedió justo a la mitad de su luna de miel, llevando ya sus nueve meses de embarazo, por lo que fue una solicitud de vida o muerte, obligatoria o extrema para ellos por parte de César Augusto, una firma de la lealtad de ellos a él, especialmente porque ambos provenían del linaje real a partir del rey David, María como descendiente directa de Salomón, y José, su esposo, y con quien tuvo ella otros cuatro hijos (Jacobo, quien es el Santiago de la Epístola, y luego un José, llamado como su papá, y un Simón, y ese otro Judas, quien es el de aquella breve Epístola) y al menos otras tres hijas, mostrando con ello su plena aceptación a ella, tal cual el ángel se lo había pedido cuando le dijo que no dudara en recibir maritalmente a María como su mujer pues lo engendrado en ella, el futuro Jesús, era procedente de Dios...), etc.

Habría mucho más que decir acerca de esto, pero es suficiente por lo pronto, ya que el primer enfoque aquí es el astronómico, vamos a proceder ahora a ver una profecía astronómica relacionada con la participación del planeta Venus en el anuncio del nacimiento de Cristo, en este caso es un profeta gentil con debilidades indecibles; sin embargo, se le dice que vivirá de nuevo, y que de lejos verá a Cristo, además, es de sus labios de los que salen algunas de las más bellas profecías acerca del Mesías, ya que Dios le dijo que dijera solamente lo que Dios le indicara:

"**Se agazapa y se echa como un león** (*ari, de aryeh*),
como un_gran_león (*ukelabi; v.gr.: Leo*). **¿Quién_lo_inquietará?**
(*yeqimennu*)...
caído, pero abiertos los ojos:
Lo veo (*al Cristo*), **mas no ahora;**
lo contemplo, mas no de cerca:
Saldrá estrella (*kowkab: Venus*) **de Jacob,**
se levantará cetro de Israel..." Nm. 24:9a, 16b-17a

Aquí Dios nos está diciendo a través de un profeta gentil que el planeta Venus va a tener algo que ver con la constelación de Leo, como sucedió. Además, el hecho de que Dios se apoye en profetas tanto gentiles como hebreos nos indica que Su Mesías, Su propio hijo, traería luz tanto a judíos como a gentiles. Y a decir verdad, esta profecía de Venus dada por un gentil antecedió a la profecía de Júpiter que Jeremías, un judío daría tiempo después, pero en esta de Balaam, que así se llamaba el gentil, se retoma la constelación de Leo e incluso se usan las mismas palabras que ya antes, inspirado y por revelación, dijera Jacob a su hijo Judá, ancestro de Jesús.

En el libro del Apocalipsis Cristo nos dice que él es representado por Venus, cuya significancia veremos a continuación:

"»Yo, Jesús, he enviado mi ángel para daros testimonio de estas cosas en las iglesias. Yo soy la raíz y el linaje de David, la estrella resplandeciente de la mañana»" Ap. 22:16

Jesús, como líder ya de las huestes angélicas envió a uno de sus empleados: a su ángel para mostrarles lo que ha de suceder, y dice que él es tanto la raíz como el linaje ("*genos*") de David (raíz, entre otras cosas, porque es la única esperanza para David de volver a vivir y linaje porque desciende biológicamente de su genética a través de María), y además, Jesús es "*la estrella resplandeciente de la mañana*": "*aster ho lampros ho proinos*", recordando que antes a los "*planetas*" también se les llamaba "*estrellas*", eran estrellas móviles, y ese es precisamente el significado de "*planeta*": "*móvil*", "*errante*". Como Venus, que la mitad del año es la última estrella en desaparecer de la noche, en la otra mitad del año es la primera estrella en aparecer al atardecer, cuando aún hay luz de día (en este sentido era la primera estrella visible al comenzar el día judío que como ya hemos visto, comenzaba al atardecer), esta visibilidad única de Venus vespertina y matutina lo convierte en la representación perfecta de Jesús así como de su primera y de su segunda venidas.

Hemos de decir además que Venus representa originalmente al prototipo de la perfección y de la belleza humana, que no cabe en nadie más sino solamente en Jesús. Y al ir siempre adelante que la Tierra, Venus se vuelve o se convierte figurativamente en "la cabeza", lo que también es Jesús para aquellos que le han recibido como Señor aquí en la tierra.

Y así como se dice que Jesús está representado en Venus, también en el mismo libro se nos dice que él es ese famoso y gran león representado por Leo, y ese ser prominente de la tribu de Judá:

"«**No llores, porque el León de la tribu de Judá, la raíz de David, ha vencido para abrir el libro y desatar sus siete sellos.**»" Ap. 5:5b

Aquí se combina lo de las profecías, tanto hebreas como gentiles acerca del gran león (Leo), con el recordarnos que es la raíz de David. En la transparencia pongo un león macho sin melena, que eran los que se conocían en el medio oriente (los cuales ahora están en peligro de extinción).

Y eso nos lleva a la gran profecía de Jacob, la cual nos detalla algo astronómico que tal y cómo él lo profetiza, ¡así sucedió!:

"**Se encorvó, se echó como león** (*aryeh: Ariel*), **como_gran_león** (*ukelabi; v.gr.: Leo*): **¿quién_lo_inquietará?** (*yeqimennu*) **No será quitado** (*yasur, o ekleipsei: eclipsado, en la Septuaginta*) **el cetro** (*sebet*) **de Judá ni el bastón_de_mando** (*hoqeq: decreto de autoridad*) **de entre sus_pies** (*raglaw: Régulo*), **hasta que llegue Siloh** (*Aquel a quien le corresponde*)", Gn. 49:9b-10a

Aquí se profetizó que no sería "eclipsado", y esa palabra es de algo totalmente astronómico, que no sería "*ocultado*" o "*encubierto*" aquello que está siendo sujetado por sus patas, y eso de sus patas de nuevo es algo totalmente astronómico, ya que corresponde a la más brillante estrella de Leo: "*Régulo*", además: ese eclipsar a esas patas, es decir a Régulo, ocurriría dos veces: **1)** Una para figurativamente tomar de entre ellas el cetro representativo del poder del rey, y otra para tomar, **2)** El decreto que le daba la autoridad legal de regir con justicia (que sería también la ley de Dios transcrita por el mismo rey para gobernar con prudencia). En el caso de los faraones egipcios momificados, se observan con el cetro de autoridad real sujetado por su mano derecha y con el bastón del pastor protector y benefactor sujetado por su mano izquierda, el cual se correspondería con ese pergamino enrollado que daba la autoridad legal para regir.

Lo sorprendente, como veremos, es que durante el año en el que Cristo nació, la Luna cubrió o eclipsó en dos ocasiones a Régulo mientras este se encontraba en conjunción con Júpiter, lo cual representó como esa transferencia de poder y autoridad, para que a su vez el mediador: Júpiter: la justicia (*Sedek* en hebreo) de Dios se lo entregara a Venus.

A continuación veremos las dos profecías referentes a Júpiter dadas por Jeremías, alusivas, respectivamente a su primera y a su segunda venidas; nótese que en la primer profecía que aquí ponemos no se dice que ya sea Rey, debido a que los suyos lo rechazaron; sin embargo en la segunda profecía sí se dice que reinará como Rey, lo que sí sucederá en su segunda venida:

"**En aquellos días y en aquel tiempo haré brotar a David un Renuevo** (*semah: brote: Spica*) **justo** (*sedek: justicia: Júpiter*), **que actuará conforme al derecho y la justicia en la tierra**" Jer. 33:15

"**Vienen días, dice Jehová, en que levantaré a David renuevo** (*semah: brote: Spica*) **justo** (*sedek: justicia: Júpiter*), **y reinará**

19

como Rey, el cual será dichoso y actuará conforme al derecho y la justicia en la tierra" Jer. 23:5

De esta manera, no es sino hasta que se cumpla esta profecía, y las palabras *"será_dichoso"* corresponden al hebreo *"sakal"* que significa *"prosperará"*; es decir, que no será sino hasta la segunda venida de Cristo que su misión inicial prosperará debido a que entonces será aceptado por parte de su nación, y reinará sobre la Tierra en su victoria final: ¡como Rey de reyes y Señor de señores! Un documental que explora todas las opciones y que presenta también la que a continuación mostraré en detalle como la más sólida, es el siguiente (presentado en el Canal de *"Historia"* o *"History Channel"*): https://www.documaniatv.com/ciencia-y-tecnologia/el-universo-misterios-ancestrales-4-la-estrella-de-belen-video_6c08d40ed.html

CAPÍTULO 3

Poniendo en movimiento las profecías del nacimiento de Jesús

Es importante ahora integrar todas estas profecías que hemos visto en un programa computacional capaz de reproducir esos vitales momentos astronómicos que nos anuncian que Jesucristo en realidad sí vino al mundo y sí nació como Dios lo había planeado para darnos la salvación, vamos entones a comenzar por trazar las dos estrellas básicas que Jeremías mencionó en dos ocasiones (Jer. 33:15 y 23:5), dejándolo de esta forma establecido:

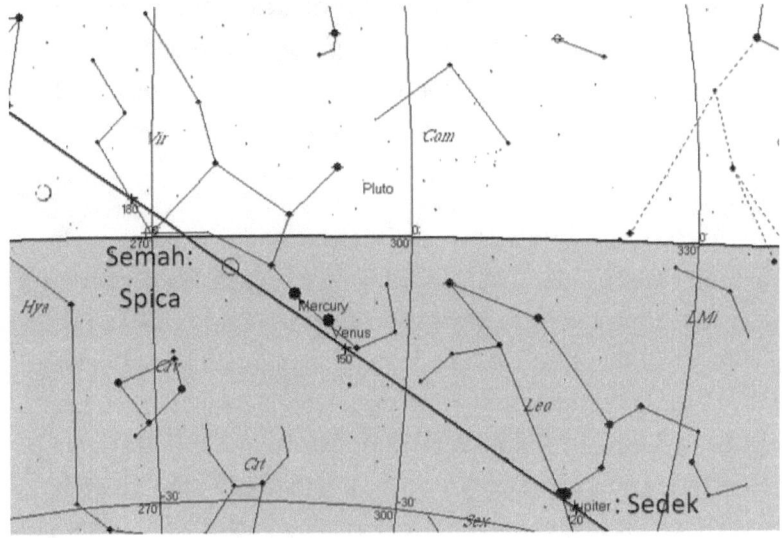

Aquí se observa, tomando el mismo instante en el que nació Jesús, para indicar que en las dos profecías de Jeremías, lo que vemos es que menciona primero la palabra "Semah" que es el "renuevo", que está representado por Spica en la constelación de Virgo; y luego la palabra "Sedek" que es la "justicia", y en este caso divina, la que está representada por el planeta Júpiter.

En el dibujo anterior lo que tenemos es la representación astronómica de la verdad verbal dada por Jeremías acerca de aquel *"Renuevo Justo"*: *"Semah Sedek"*, referente a Jesús.

A continuación veremos cómo los cuerpos celestes se conjuntaron para que Júpiter fuera capaz de cumplir con toda justicia de Dios. Pero antes es necesario indicar el significado de la palabra astronómica *"conjunción"*, la cual consiste en: el alineamiento de un planeta con otro planeta o estrella, quedando ambos alineados con la estrella polar: *"Polaris"*, la estrella que precisamente apunta hacia donde se encuentra la dirección de Dios, pero más allá de este universo, y más allá aún de las aguas que rodean al universo. Esto es muy importante porque múltiples conjunciones significativas implicando a Júpiter sucedieron durante ese primer año que rodeó al nacimiento de Jesús, y a veces la conjunción es tan cercana entre los dos cuerpos celestes ante la ilusión óptica de nuestra vista (porque en realidad cada planeta se encuentra muy distante el uno del otro), que ante nuestros ojos pareciera como si los dos cuerpos celestes se fusionaran temporalmente integrando a uno sólo.

Recordando que el número siete cuando aparece en la Biblia o en relación con eventos bíblicos, significa *"perfección"*, por lo tanto: Dios llevó a la perfección su mensaje de que Su hijo unigénito ya había venido al mundo de la manera en la que había sido profetizado astronómicamente por Jacob, Balaam y Jeremías. En el caso de lo que escribió Juan el Apóstol esa fue profecía en retrospectiva, con el fin de no dejar que se hubiera perdido en la nada el haber Dios celebrado, no sólo el año, sino el día y la hora precisa en la cual su hijo nació.

Para poner en movimiento las profecías del nacimiento de Jesús, primeramente hay que contemplar en un cuadro todas las conjunciones de importancia en las que Júpiter participó durante ese primer año que circunscribió a la vida de Jesús:

#	Fecha	Año (A.C.)	Conjunción
1	20 de junio	3	**Júpiter**-Mercurio
2	12 de agosto	3	**Júpiter**-Venus
3	14 de septiembre	3	**Júpiter**-Régulo
4	17 de febrero	2	Régulo-**Júpiter**
5	8 de mayo	2	**Júpiter**-Régulo
6	17 de junio	2	**Júpiter**-Venus
7	27 de agosto	2	**Júpiter**-Marte

Nota: en la última conjunción también participaron los planetas Mercurio y Venus por haber estado en muy cercana proximidad.

Otro término astronómico que necesitamos definir es aquel del *"movimiento retrógrado"*, el cual consiste en ese, de nuevo ilusorio evento, como aquella aparente unión temporal de las luces de dos cuerpos celestes que se encuentran a muy cercana proximidad en una conjunción, en el que *"un planeta parece retroceder, formando una elipse antes de proseguir de nuevo el mismo cauce que llevaba antes"* debido a que la tierra, al viajar a una mayor velocidad, al alcanzarlo y rebasarlo pareciera como si aquel planeta se detuviera y comenzara a retroceder para luego retomar su camino.

Ahora, y para poder saborear el sentido espiritual de los planetas que vamos a ver a continuación hemos de decir que Mercurio corresponde al Arcángel Gabriel, que Venus ya vimos que corresponde a Jesucristo mismo, que Marte corresponde al Arcángel Miguel, que Júpiter corresponde, no a un ser sino a un atributo de Dios: la justicia divina, o justicia del padre.

Aparte, y aunque de ninguna manera aparecen en este cuadro, sino que se encuentran en el lugar opuesto de donde las acciones divinas están teniendo lugar, tenemos que Saturno representa precisamente a Satanás, nuestro Adversario, y Urano corresponde a uno de sus cercanos colaboradores: el espíritu diabólico del falso profeta, y por último Neptuno que correspondería a: el espíritu diabólico del anticristo.

Entonces, dando primero una descripción verbal de cada evento, y luego ilustro cada paso con las imágenes tomadas del programa astronómico ya mencionado:

Primer evento: El 20 de junio del año 3 A.C. hubo una conjunción entre Júpiter y Mercurio en la constelación hoy conocida como Cáncer (el Cangrejo, pero que antes correspondía a Isacar, la Asna y su pollino, ¡sobre la que montará Jesús rumbo a su coronación final como Rey de reyes y Señor de señores!).

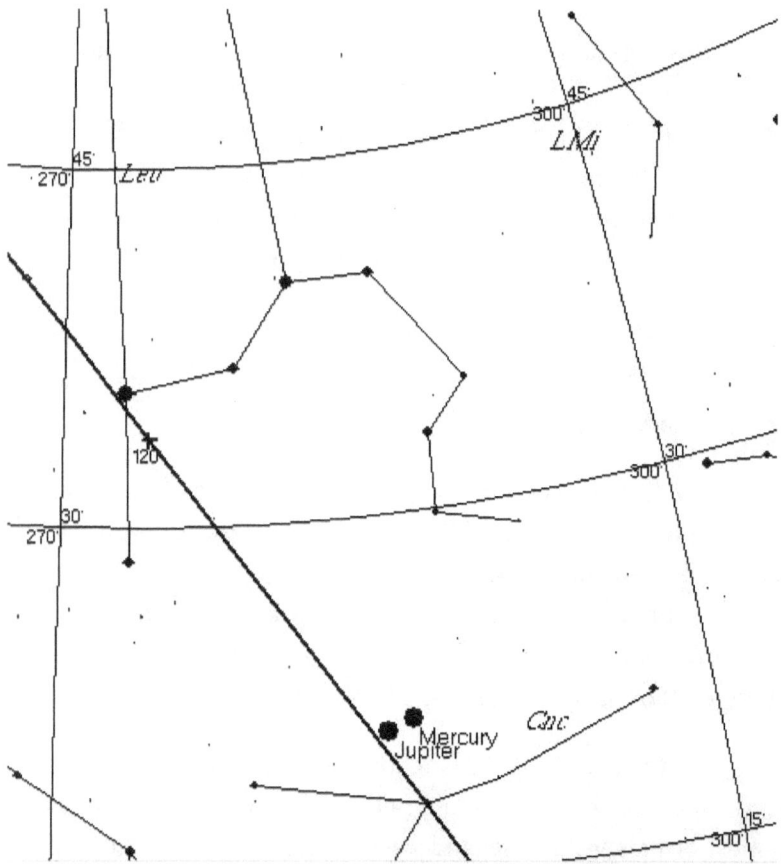

Evento primero: Mercurio o Gabriel se encuentra con Júpiter o la justicia del Padre: el mensajero en obediencia a la justicia divina: 20 de junio del año 3 A.C.

Segundo evento: El 12 de agosto del mismo año 3 A.C. (53 días después del evento anterior) nos encontramos con la conjunción de Júpiter con Venus, es decir que la justicia de Dios se encuentra con la representación (en la mente de Dios, es decir, en su "presciencia") de quien va a ser el prototipo de la humana perfección: el Mesías que había de venir: Jesucristo, y esto ya dentro de la constelación de Leo.

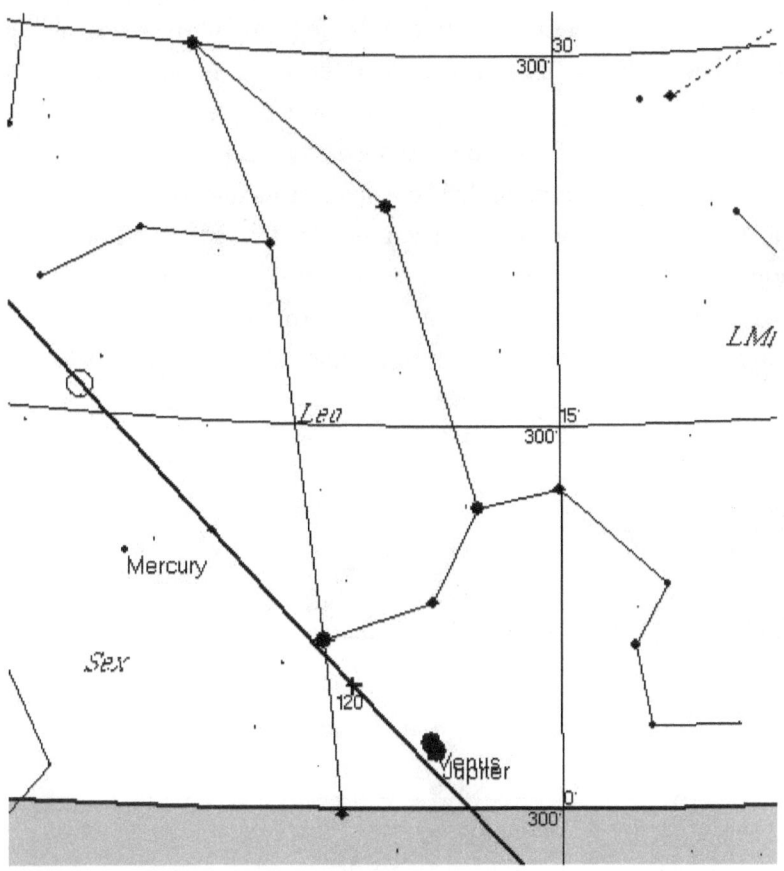

Evento segundo: Venus o el prototipo de perfección humana se encuentra con Júpiter o la justicia del Padre: el representante planetario del Mesías venidero obedece a la justicia divina: 12 de agosto del año 3 A.C.

En la figura anterior se observa la cercanía de la conjunción entre Júpiter y Venus, es como un simbólico ponerse de acuerdo antes de que la justicia divina recupere para el humano perfecto las dos cosas que le darían su legítima posición: su poder con el cetro y su autoridad legal con el documento probatorio (que también sería como la ley de Dios copiada por el rey mismo para regir con la sabiduría divina).

Tercer evento: Esta vez, el 14 de septiembre de ese mismo año 3 A.C. (33 días del evento anterior y tan sólo tres días después del nacimiento de Jesús), tenemos la primera conjunción de Júpiter, la justicia divina, pero al mismo tiempo el planeta rey, con la estrella más brillante de Leo, la cual es Régulo, o la estrella real, en la constelación del Rey: Leo o el león. Esta será tan sólo la primera de tres conjunciones entre estos dos cuerpos celestes, cumpliendo así también, debido a los números en la escritura, con algo que queda completamente completado, consumado, revelado.

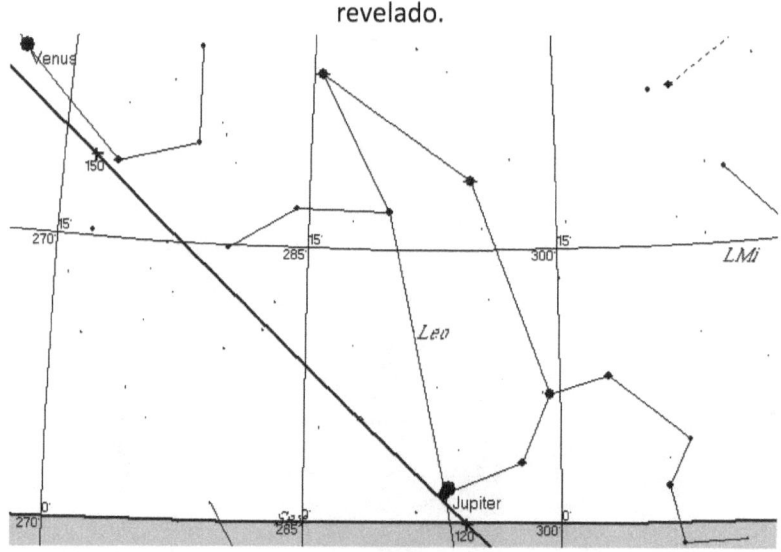

Evento Tercero: Júpiter, el planeta real, en su primera conjunción con Régulo, la estrella real, en Leo, la constelación real: 14 de septiembre del año 3 A.C.

El cuarto evento se presentó hasta el 17 de febrero del año 2 A.C. (156 días después del último evento), y fue la segunda conjunción entre Régulo y Júpiter debido al movimiento retrógrado, pero en esta ocasión algo más de la más notable significancia sucedió: al estar Júpiter por encima de Régulo en conjunción, ¡la Luna cubrió a Régulo! Dándole un cumplimiento astronómico a la primera condición profética que le dijera Jacob a Judá (en Gn 49:10a). La del cetro siendo removido de Leo con el fin de ser transferido a aquel al que le corresponde: a Jesús, siendo el mediador de esa transferencia Júpiter, la justicia de Dios (más adelante veremos esto con más detalle).

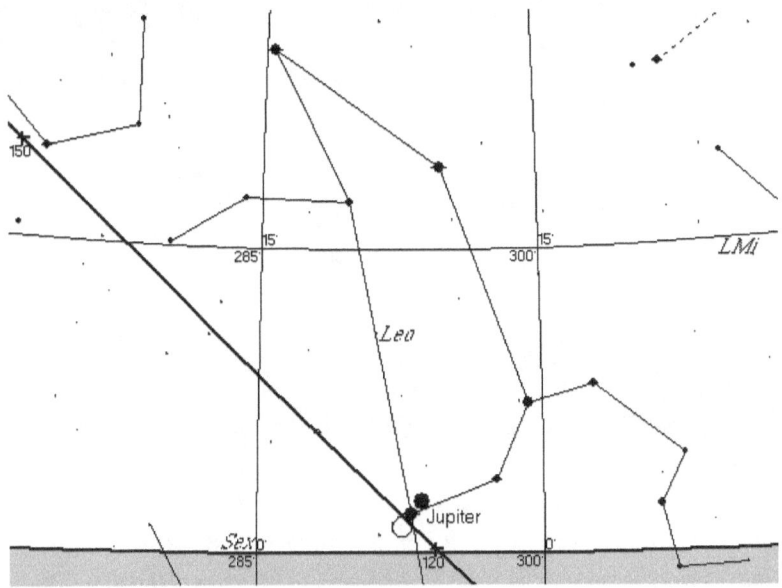

Evento Cuarto: Júpiter, el planeta real, en segunda conjunción con Régulo (debido al movimiento retrógrado), la estrella real, en Leo, la constelación real: 17 de febrero del año 2 A.C. El evento extraordinario aquí es que mientras se daba esta conjunción, la Luna cubrió o eclipsó a Régulo, dándole cumplimiento así a la primera parte profética proferida por Jacob: la figurativa remoción del cetro de entre las patas del león.

El quinto evento significativo sucedió el 8 de mayo del año 2 A. C. (habiendo transcurrido 81 días desde el último evento), y consistió en la tercera conjunción de Júpiter con Régulo debido a movimiento retrógrado que aquí terminaba retomando Júpiter su camino, y esto aunado al segundo eclipse de Régulo por la Luna.

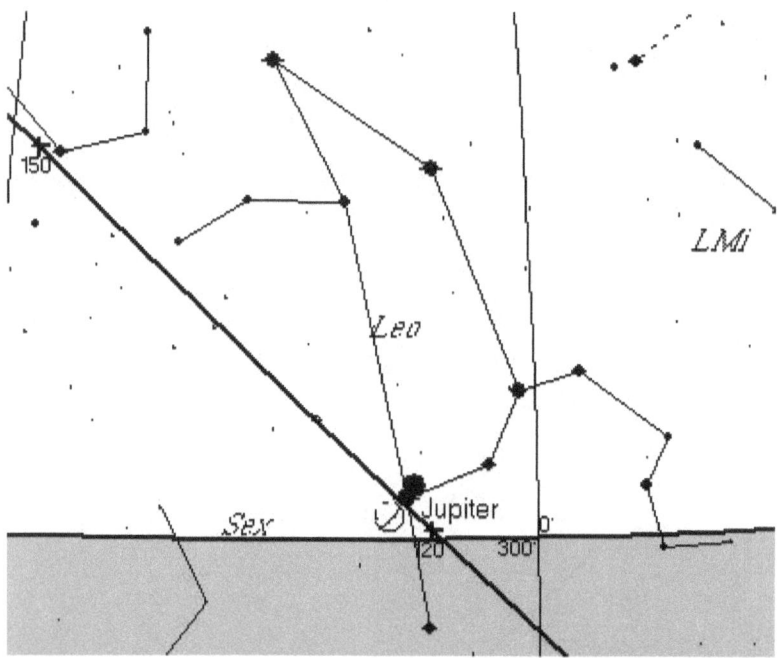

Evento Quinto: Por último, Júpiter, el planeta real, en su tercera conjunción con Régulo (debido al movimiento retrógrado), la estrella real, en Leo, la constelación real: 8 de mayo del año 2 A.C. El otro evento extraordinario aquí es que mientras se daba esta conjunción, la Luna cubrió o eclipsó a Régulo ¡por segunda ocasión!, dándole cumplimiento así a la segunda parte profética proferida por Jacob: la figurativa remoción del decreto para gobernar de entre las patas del león.

Dándole con este quinto evento cumplimiento a la segunda parte de la profecía dada por Jacob a Judá (en Gn.

49:10b), aquella de que el decreto para gobernar también sería removido de entre las patas del león: Leo.

Resumiendo el extraordinario caso de los dos eclipses lunares sobre Régulo que le dieron cumplimiento a la profecía completa de Jacob (de Gn. 49:10): la remoción, tanto del cetro como del decreto, tenemos los siguientes detalles:

¡Por dos veces la luna ocultó (*eclipsó, ekleipsei*) a Régulo :

1) En la segunda conjunción de Júpiter con Régulo (que sucedió según los registros de los observatorios astronómicos a las 5 A.M. del 17 de febrero del año 2 A.C.), ¡la luna ocultó a Régulo con el 1/5 inferior de su diámetro!

2) Y 81 días después, en la tercera conjunción de Júpiter con Régulo (entre Mayo 8 y 9 del año 2 A.C.), ¡la luna de nuevo ocultó a Régulo, pero esta vez con el 1/5 superior de su diámetro!

Luego veremos que el sexto evento significativo es el simétrico encuentro de Júpiter de nuevo con Venus, lo cual sucedió el 17 de junio del año 2 A.C. (a 40 días del último evento astronómico importante en este contexto), y en esta ocasión la unión de la conjunción de ambos planetas fue tal que temporalmente, y de manera de ilusión óptica, se fundieron en uno sólo de una mayor intensidad ante los observantes ojos terrestres, es decir que éstos dos planetas parecen como si fueran una sola "estrella"; siendo el simbolismo de esto que:

Una vez que Júpiter, o la justicia de Dios, recuperó o tomó las dos cosas que estaban entre las patas del león: el cetro y el decreto, era el tiempo ahora de entregar estas cosas a aquel al que le correspondía: a Venus, que como hemos dicho estaba representando al Mesías que ya había llegado a la tierra, y que en este momento tendría unos nueve meses de edad.

Para el investigador bíblico Ernest L. Martin, esta fue el evento astronómico que motivó a los sabios de Persia el emprender el trayecto para adorar y entregarle presentes al futuro rey de la Tierra

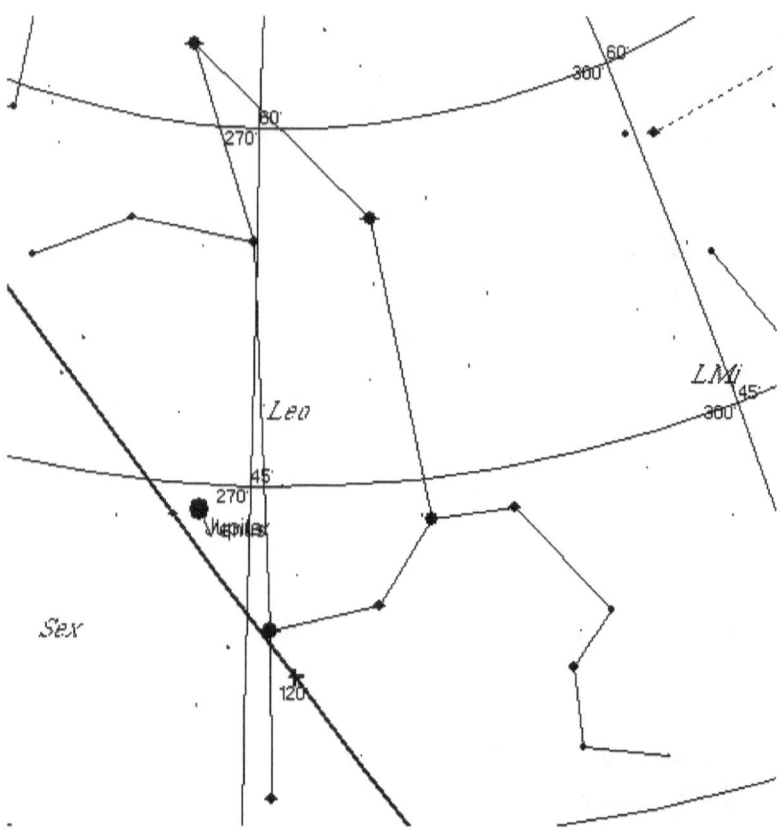

Evento Sexto: *Júpiter se encuentra de nuevo con Venus de una manera simétrica, como al principio, como antes de comenzar su triple conjunción con Régulo; y esta conjunción de Júpiter con Venus se da el 17 de junio del año 2 A.C., significando la entrega de la justicia divina del cetro y del decreto para regir a "Siloh": a aquel al que le correspondían (de Gn. 49:10).*

Finamente, el séptimo evento astronómico importante, para cerrar la doble simetría que se presentó en esa época en el cielo, así como Júpiter se encontró dos veces con Venus, tanto antes como después de su triple conjunción con Régulo, así también Júpiter se encuentra, ya para terminar con esta serie de señales celestiales, seis de ellas, incluyendo a esta sucedidas dentro de la constelación de Leo, y se encuentra Júpiter, decía, con el otro Arcángel, así como al principio se había entrevistado con Gabriel (Mercurio), ahora estaba en conjunción cercana entrevistándose con Miguel (Marte), el arcángel guerrero, lo que sucedió el 27 de agosto del año 2 A.C. (71 días después del último evento significativo).

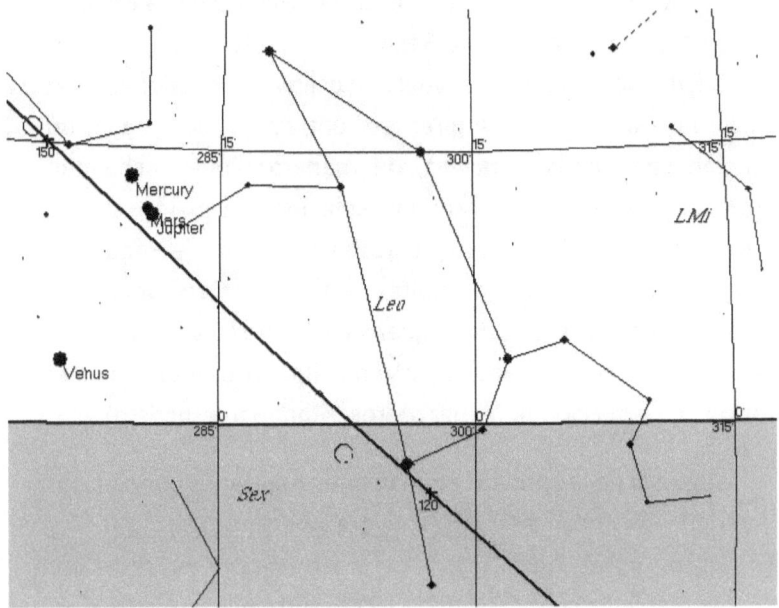

Evento Séptimo: Júpiter, para terminar con el cumplimiento simbólico de su trayecto profético, se encuentra con Marte, que es la representación del Arcángel Miguel, el 27 de agosto del año 2 A.C.

Sumando los intervalos que hay entre el primer evento y el último tenemos los siguientes números: 53 + 33 + 156 + 81 + 40 + 71 = 434 días (o un año, dos meses, y unos 8 días).

Concluyendo este capítulo, vemos entonces que Júpiter, la justicia de Dios y el planeta real comienza su serie de conjunciones con su entrevista con Mercurio (Gabriel), el más veloz, el mensajero, luego se entrevista en conjunción simétrica con Venus, a quien volverá a ver después de su encuentro con Régulo, ya que a continuación Júpiter, debido a su movimiento retrógrado, experimenta una serie de tres encuentros con Régulo, la estrella real dentro de la constelación real de Leo, la primera es amistosa, simplemente para identificarse, la segunda es para obtener de Régulo el cetro, ya que la Luna eclipsa a dicha estrella, y la tercera es para obtener de Régulo el decreto para gobernar, ya que la Luna por segunda vez vuelve a eclipsar a Régulo; una vez completada esta misión, Júpiter se entrevista de nuevo en conjunción con Venus, esta vez, de manera tan estrecha que parece como si las dos fueran una sola estrella, y le entrega, Júpiter a Venus, las dos cosas que acaba de recibir de Régulo: el cetro y el decreto; finalmente Júpiter se entrevista en conjunción con Marte (Miguel), el Arcángel guerrero, y en sus proximidades se encuentran Mercurio (Gabriel) y Venus (la representación de el prototipo de perfección humana, representando a Jesucristo).

Algunas de las previas animaciones realizadas por el autor se pueden observar en: https://youtu.be/AnCaEqUr1m0 y https://youtu.be/53_10GfaN4c, así como por escrito en: https://web.archive.org/web/20091027125603/www.geocities.com/fdocc/abc.htm y https://web.archive.org/web/20061231043219/http://www.geocities.com/kubyimm1/sm3.htm (Una simulación visual en siete partes). Así como instrucciones básicas para usar el programa o *Software* astronómico aquí usado: http://fdocc.ucoz.com/2/steps-sky-map-pro-9.pdf

CAPÍTULO 4

¿Y en dónde se encontraban los enemigos?

Veremos ahora la ubicación de los tres planetas que representan las fuerzas de las tinieblas, los cuales nos dice la Biblia que al final terminarán en el "Lago de fuego y azufre": Saturno (Satán), Urano (el falso profeta), y Neptuno (el falso Cristo, es decir el Anticristo, pero en la segunda mitad de su reinado, cuando el demonio Abadón o Apolión se posesiona del cuerpo muerto del asesinado Anticristo).

En el siguiente fragmento celestial veremos en dónde se encontraba el planeta que representa a Satán el día mismo en el que Jesucristo nació, seductivo con sus anillos y cautivador con su engañosa belleza: Saturno:

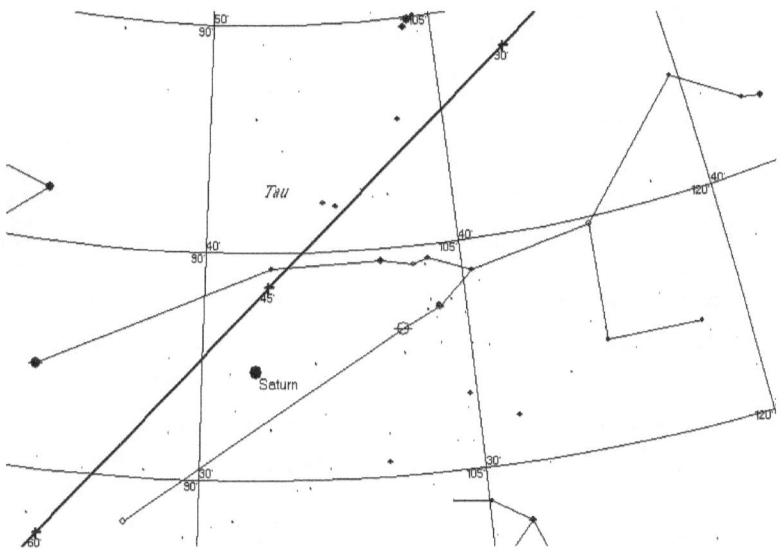

Saturno moraba en medio de los cuernos de Tauro cuando nació Jesús, donde se estuvo mientras Júpiter permanecía en Leo.

Saturno, es decir Satanás estaba "rabioso" del nacimiento de Jesucristo, y de hecho casi todo el tiempo se la pasó entre los cuernos de Tauro mientras que Júpiter estaba en Leo. Cuando Júpiter tuvo su última conjunción, en esa ocasión con Marte, Saturno salía de los cuernos de Tauro para internarse en "Géminis", que bíblicamente corresponde a la tribu de Benjamín, al lobo aullando.

Por su parte Urano, representativo de la falsa religión, del falso profeta que en el Apocalipsis va a ordenar una adoración sumisa al ídolo robótico del Anticristo, y va a ser capaz de hablar y de matar al que no lo haga:

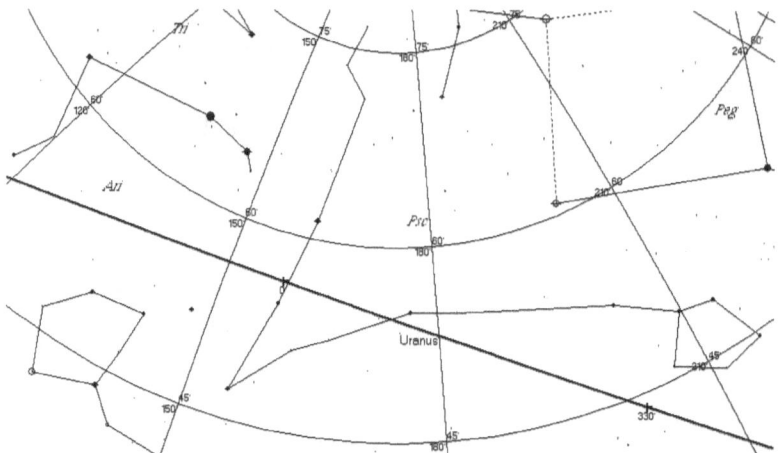

Urano moraba en "Piscis", que en realidad corresponde a la espada de Simeón, la cual está atravesando el corazón de la constelación del monstruo marino Cetus (otra representación del Adversario) durante todo el tiempo que Júpiter estuvo en conjunción con los "buenos" planetas o líderes de los ángeles.

Ahora, la razón por la que vemos tan poca movilidad en éstos planetas lejanos al Sol se debe, precisamente a su gran distancia de la órbita solar, por lo que por ejemplo, Urano apenas se movió durante todo ese tiempo del lado derecho, al lado izquierdo de la espada de Simeón, que hoy se conoce como uno de los peces de Piscis, atados de la cola por una soga, lo que francamente no tiene sentido. Al intentar detener el falso profeta a la espada que mata a la constelación del Cetus, con ella intenta eliminar a los que son de Cristo del terrible periodo del Apocalipsis, pero al final, que es cuando es puesto en su lugar, es arrojado al lago de fuego y azufre junto con el Anticristo, y mil años después, a ese mismo lugar es arrojado Satanás.

Luego, veremos la ubicación de Neptuno (y los relieves Babilónicos lo describen bien) el día del nacimiento de Jesús:

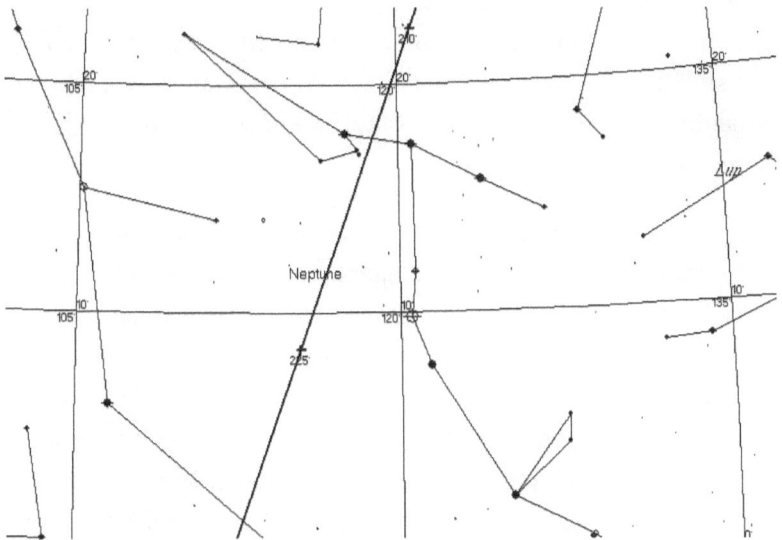

Neptuno se encontraba, al nacer Jesús en la constelación de "Scorpio", que en realidad corresponde al gran "Dragón" escarlata de las siete cabezas, a la altura del pie del Ofiuco que está aplastando el corazón del Dragón (otra representación del Adversario), así como durante todo el tiempo que Júpiter estuvo en conjunción con los "buenos" planetas o líderes de los ángeles.

Neptuno, ese rey de las profundidades abisales del mar está aquí representando al Anticristo, el cual está en la constelación del "Dragón rojo", ¿y porqué rojo? Debido a que tiene a la única gran estrella de ese color, una estrella variable:

Antares, como todas las que están en constelaciones que representan al Adversario y a los suyos; de hecho los Chinos representan a esta constelación con un "Dragón" y efectivamente, se pueden observar sus siete cabezas, que al no saber que representaban, los europeos que la dibujaban como un alacrán, dejaban estos salientes como vellosidades o apéndices del mismo.

Y de nuevo, como ya lo vimos con el destino de "Urano", aquí también: ¡el mismo pie del Ofiuco (constelación que representa a Jesucristo, el controlador de serpientes) que aplasta el corazón del "Dragón rojo", es el que también aplastará a este "Anticristo" (que para esas fechas será un demonio: Abadón, controlando a ese cuerpo del Anticristo), y lo arrojará a ese "Lago de fuego y azufre"!

Entonces, concluyendo estos puntos que vemos aquí: podemos observar que los tres planetas que representan a los enemigos de Cristo se encontraban en constelaciones relacionadas con la violencia, obviamente en contra de dicho Mesías: Saturno en Tauro; Urano en "Piscis", que son "Las espadas" de Leví y de Simeón, con esta última fulminando a Cetus; y finalmente Neptuno (el rey Abadón grabado por los de Babilonia) en "*Scorpio*", que es en realidad el "*Dragón rojo*".

Quisiera concluir con algo que siempre me intrigó, y era el preguntarme: ¿dónde se encontraban todos los planetas al momento de la creación de Adán, sombra de Jesús y quien cayó una y otra vez ante las tentaciones de Satanás?

Si elegimos como la fecha el 30 de julio del año 4004 A.C., debido a que astronómicamente se encuentran frente a frente las fuerzas del bien contra las del mal, las del bien estando ubicadas en Virgo: con Venus (el futuro Cristo) en conjunción con Spica (el Renuevo: Jesús), flanqueado por Marte (Miguel) del lado del flujo de la Eclíptica (que en el caso de mi programa va de derecha a izquierda, justo como se lee el idioma hebreo) y por Mercurio (Gabriel) del lado que mira a Leo, mientras que los tres planetas que representan a las fuerzas del mal se encuentran en Leo: Neptuno (el Anticristo en su segunda fase o "demoníaca") en conjunción con Régulo (la estrella real con el cetro y con el decreto para reinar), flanqueado por Urano (el espíritu del falso profeta) en la dirección del flujo Eclíptico, y por Saturno (Satán) del lado opuesto; y vemos a Júpiter en Aries (la justicia divina):

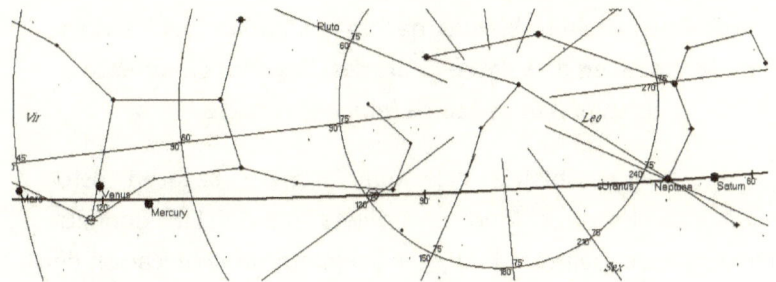

Fascinante hallazgo del 30 de junio del 4004 A.C. año en el que Adán vino a existir: por un lado Venus (Jesús) en conjunción con Régulo es flanqueado por Marte (Miguel) y Mercurio (Gabriel) mientras que su gran impostor: Neptuno (el Anticristo), es flanqueado por Urano (el falso profeta) y por Saturno (Satanás mismo).

¡Y Júpiter estaba en la constelación del Mesías vencedor!:

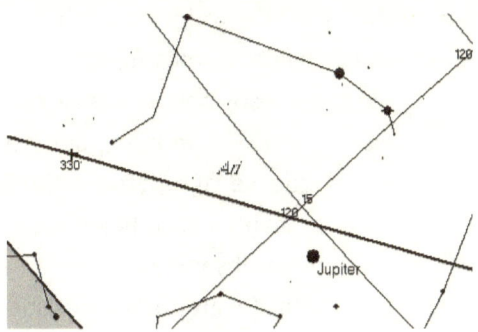

Júpiter (la justicia divina) estaba en Aries (el Carnero), justo en donde éste está aplastando la cabeza de Cetus (el Adversario).

CAPÍTULO 5

¿Quiénes eran y cuándo llegaron los Magoi?

La última fecha bíblica que veremos es la de la llegada de los sabios de Persia a Belén, la cual coincide con el 25 de diciembre del año 2 A.C.

"~~Cuando Jesús nació~~ Habiendo_nacido (*gennethentos*) Jesús en Belén de Judea, en días del rey Herodes, llegaron del oriente a Jerusalén unos sabios (*magoi*)" Mt. 2:1.

La historia bíblica dice que primero llegaron estos *"Magoi"* con Herodes (uno ni siquiera judío, sino edomita, descendiente del pelirrojo Esaú) y le preguntaron la ubicación del Rey de Israel, con lo que seguramente se sintió intimidado, convocó a sus sabios y éstos le dijeron que las escrituras señalaban que nacería en Belén, pero tan no creyó que les dijo que si lo encontraban, que regresaran para decirle el lugar, gracias a Dios, Dios les informa que regresen por otro lado y no por Jerusalén, donde estaba ese perverso rey asesino de pequeños e influenciado por Satán.

Para saber quiénes eran ellos hemos de recordar que el profeta Daniel fue hecho líder de todos los sabios, tanto de Babilonia, como después de Persia; lo más lógico es que en esa capacidad les haya enseñado a esos sabios cómo reconocer la proximidad de la llegada del rey del mundo, del *"Rey de los judíos"*; posteriormente, los que se agruparon bajo Zoroastro, también llamado Zaratustra, se mantuvieron fieles a lo que Daniel les enseñó y fundaron el grupo de observadores de la naturaleza, incluyendo el observar a los cielos (el grupo que desistió de hacer todo esto es el que se fue a Roma, fundando la orden del cárdeno, de donde salieron los *"cardenales"*, así como las adivinaciones sobre el cerro de los *"vaticinios"*, de donde sale la palabra

"*Vaticano*", cosas que en lo absoluto nada tienen que ver con las enseñanzas de Jesús, ni con las antiguas de Daniel).

En estos versículos del A.T. vemos a los ancestros profesionales de estos *"Magoi"*, primero a los que estaban bajo el mando de Daniel:

"El rey Nabucodonosor, tu padre, oh rey, lo constituyó jefe sobre todos los magos (*hartummin, o "magon", en la Septuaginta*), **astrólogos, caldeos y adivinos"** Dn. 5:11b

Y Jeremías dijo que en su tiempo uno de los altos funcionarios era el líder de los *"Magoi"* ya que se llamaba *"Rag-Mag"*:

"Entraron todos los jefes del rey de Babilonia... Nergal-sarezer, alto_funcionario (*Rab Mag, o Rabamag en Septuaginta*)**... el alto_funcionario** (*Rab Mag*) **Nergal-sarezer y todos los jefes del rey de Babilonia"** Jer. 39:3a, c y 13b

Algunas de las enseñanzas de Zoroastro estaban inspiradas en la verdad que Daniel les había mostrado:

1. Hay un Dios supremo que creó los cielos y la tierra.

2. Hay un adversario espiritual de Dios y de los hombres.

3. Hay ángeles y espíritus diabólicos.

4. No adorarás ídolos.

5. **Vendrá un redentor**, un profeta que será enviado por Dios para salvar a la humanidad (*y este punto resonaba en ellos*).

6. Al final, Dios tendrá la victoria sobre el adversario.

Y aquí, ahora veremos el momento astronómico clave de ellos estar en proximidad del futuro rey:

"Ellos, habiendo oído al rey, se fueron. Y la estrella que habían visto en el oriente iba delante de ellos, hasta que, llegando, se detuvo sobre donde estaba el niño. Y al ver la estrella, se regocijaron con muy grande gozo" Mt. 2:9-10.

Aquí dice que la estrella que ellos habían visto desde su salida en su lugar natal, iba delante de ellos, y esto no puede referirse a otra cosa que al planeta Júpiter, el cual es el protagonista principal de todas sus siete conjunciones consecutivas ya mencionadas, por lo tanto si le seguimos ese año la pista a Júpiter vemos que éste llega a un punto de su cénit o estacionario a la altura de Belén, ¡solamente visto por el camino que llega a éste desde Jerusalén! (*Google maps* indica que son 8.2 km de distancia, los cuales se pueden cursar en menos de dos horas) Es decir, que el gran Dios, para honrar su creencia, permitió que ellos vieran sobre un cielo despejado. Esa posición aparentemente estática puede durar hasta varios días y es el preámbulo del movimiento retrógrado. Y dice aquí que ellos se regocijaron grandemente (suceso que se presentó el 25 de diciembre de ese año 2 A.C.):

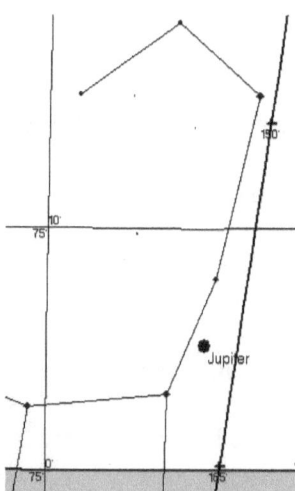

En el horizonte de Jerusalén rumbo a Belén, hacia el sur, vieron a Júpiter detenerse en su descenso, ya que se preparaba para un

movimiento retrógrado (hacia arriba según este dibujo), y en ese estado aparente de suspensión sin movimiento, según mi programa astronómico: ¡se estuvo durante al menos un par de días!

Además, éstos múltiples sabios de Persia llegaron con tres presentes ya que era la época en la que tanto los judíos (por la "Chanuca" o re-dedicación del segundo Templo de Jerusalén), y los gentiles debido a su *"saturnalia"* invernal. Y los tres regalos que múltiples astrónomos persas le trajeron al bebé Jesús fueron:

Oro: que se le ofrecía a rey; incienso: que se le ofrecía al sacerdote; y mirra: que se le ofrecía al profeta. Con éstos objetos estaban ellos profetizando tres de las labores que Jesucristo desempeñaría después.

El hecho de que llegaron un año y tres meses después del nacimiento de Jesús se corrobora con lo siguiente que leemos:

"Al entrar en la casa (*oikian***), vieron al niño (***paidion***) con María, su madre, y postrándose lo adoraron. Luego, abriendo sus tesoros, le ofrecieron presentes: oro, incienso y mirra"** Mt. 2:11.

Las dos palabras clave que son diferentes de las que se usan cuando Jesús nació son "casa" y "niño" (referente a un pequeño que ya es capaz de caminar y que comienza a hablar), contrastadas con "pesebre" y "bebé":

"Esto os servirá de señal: hallaréis al niño (*brephos: bebé***) envuelto en pañales, acostado en un pesebre (***phatne***)"** Lc. 2:12.

Otro hermoso aspecto cronológico bíblico que me tocó descubrir por la gracia divina es aquel en el que contando el tiempo de la "Luna de miel" hebrea que debía de durar un año, me di cuenta de que cuando partieron para Belén apenas llevaban seis meses de la misma (pero nueve del embarazo de María con Jesús en su vientre), la cual a pesar de ser parte de la ley, dada la orden de vida o muerte que se les impuso para ir a firmar su fidelidad al César de ese tiempo: Augusto; y esta orden gentil fue vital para que se llevara a cabo la profecía de la escritura de que en Belén era donde nacería el Mesías.

Una vez completada la cuarentena, fueron a Jerusalén a darle las ofrendas por la purificación de María, pues ella al dar a luz quedó impura y necesitaba ir a ofrendar (un par de palominos) como indicaba la ley a Dios y a presentarle al bebé a Dios.

El caso es que dice Lucas que una vez que cumplieron con esto en Jerusalén, como la ley mandaba, que regresaron a Nazaret en vez de volverse a Belén, y la razón de esto es que necesitaban completar su año de luna de miel:

"Después de haber cumplido con todo lo prescrito en la Ley del Señor, volvieron a Galilea, a su ciudad de Nazaret" Lc. 2:39.

Pero regresaron a Belén en cuanto completaron su "Luna de miel" en Nazaret, ya que cuando llegan los *"Magoi"*, que no eran ni tres, ni reyes, ni magos, sino ese grupo nutrido de sabios Persas observadores de la naturaleza y preservadores de la profecía que les diera Daniel para reconocer la venida del Rey.

Otra evidencia de que fue tiempo después, ese año y tres meses después de nacido Jesús cuando llegaron los *"Magoi"* es lo que dice del tiempo que le dijeron a Herodes y, mucho muy triste, su decisión de matar a los niños de dos años para abajo:

"Herodes entonces, cuando se vio burlado por los sabios, se enojó mucho y mandó matar a todos los niños menores de dos años que había en Belén y en todos sus alrededores, conforme al tiempo indicado por los sabios" Mt. 2:16.

Finalmente, y para terminar este estudio, otra referencia astronómica fidedigna nos ha llegado por parte del historiador

Josefo, quien nos dice que Herodes, el asesino de niños, murió después de un eclipse de luna y antes de la Pascua judía:

> "XVII.VI.4... al otro Matías, el autor de la sedición, y a algunos de sus compañeros, (Herodes) los hizo quemar vivos. **Esa misma noche hubo un eclipse de luna**. 5. La enfermedad de Herodes se agravaba día a día, castigándole Dios por los crímenes que había cometido... XVII.VIII.1... **Murió** (Herodes) al quinto día de haber hecho matar a Antipáter... XVII.IX.3 Por este tiempo **se acercaba la... Pascua**..." (*Antigüedades de los judíos*, libro XVII, cap. VI, sec. 4 (al final) - (al inicio) 5; cap. VIII, sec. 1 y cap. IX, sec. 3).

La mayoría de la masa de historiadores han erróneamente tomado un eclipse parcial que sucedió el año 4 A.C., cuando en realidad, el que coincide con todos los detalles Bíblicos es el del 10 de enero del año 1 A.C., el cual fue un eclipse lunar total, así es tal cual como la NASA lo ha archivado:

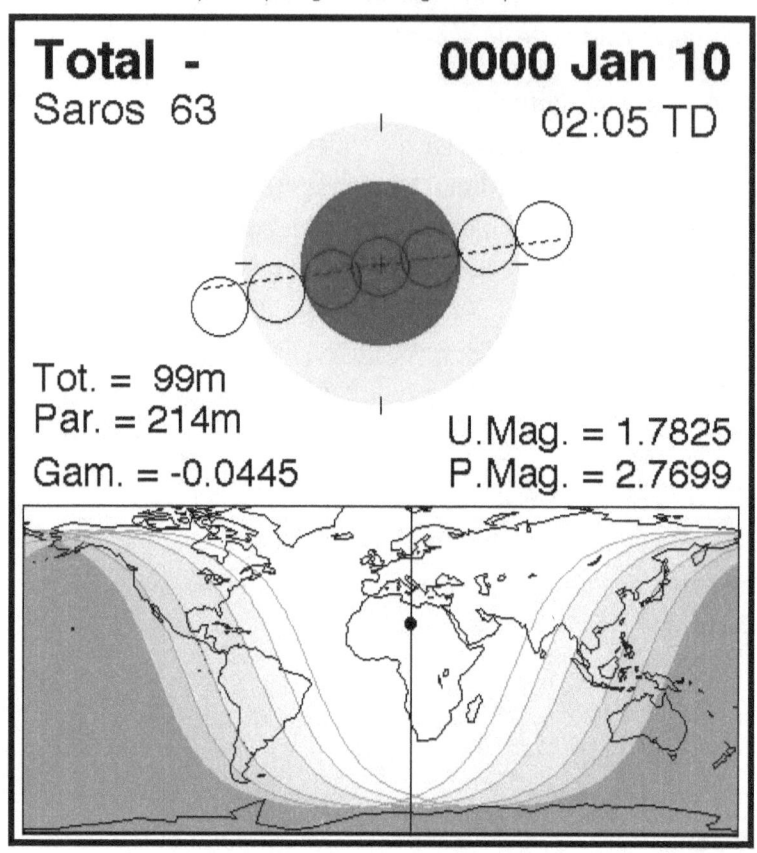

Five Millennium Canon of Lunar Eclipses (Espenak & Meeus)
NASA TP-2009-214172

Siendo este su nexo preservado:

https://web.archive.org/web/20160129183953/http://eclipse.gsfc.nasa.gov/5MCLEmap/-0099-0000/LE0000-01-10T.gif

Esto mismo, de la siguiente manera es como me lo representa el programa astronómico que estoy usando:

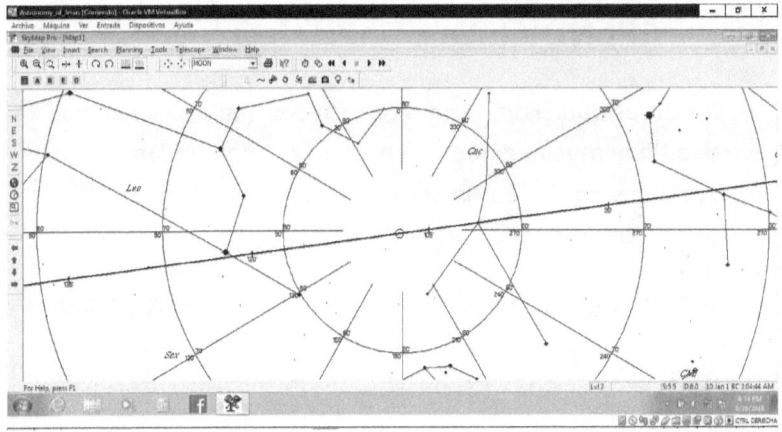

Gracias a las tecnologías modernas podemos apreciar el eclipse total de luna del 10 de enero del año 1 A.C. descrito por Josefo, el cual se presentó un poco antes de la muerte de Herodes, visible en esas tierras bíblicas, v.gr.: en Jerusalén, en la latitud 22 N y 16 E, a las 02:04:40 AM, a cuya hora del eclipse fue total.

Todo esto nos lleva a excamar llenos de gozo: ¡La Palabra de Dios jamás regresa vacía!

"**Porque como desciende de los cielos la lluvia y la nieve, y no vuelve allá, sino que riega la tierra, y la hace germinar y producir, y da semilla al que siembra, y pan al que come, así será Mi Palabra** (*dice Dios*) **que sale de Mi boca; no volverá a Mí vacía, sino que hará lo que Yo quiero, y será prosperada en aquello para que la Envié**" Is. 55:10-11

Todo esto nos dice: ¡Dios es 100% preciso en su Biblia! Con Júpiter representó Dios a Su plan de redención y con Venus a la persona que lo llevaría a cabo a la perfección: ¡Su propio hijo! Y Dios fue quien planeó el recibirlo en el mundo con todos los honores de su creación y de su revelación; y si Dios hizo eso con Jesús: ¿Cuánto más no hará también por nosotros Sus hijos? ¡Especialmente ahora que Jesucristo mismo está para apoyarnos desde allá arriba, desde más allá de los cielos de los cielos!

APÉNDICE DEL CAPÍTULO 5

Los datos que siguen son más técnicos que nada y se han incluido dado que mucha gente no encuentra el dato del eclipse al que se refirió Josefo dada una serie de *"confusiones necesarias"* para las computadoras según la *NASA*, veamos:

Sin embargo, la *NASA* tiene dos clasificaciones para el mismo eclipse, una de ellas dice así (omito las celdas vacías que en el original están llenas de otros datos técnicos), su primera dice así:

Catalog of Lunar Eclipses: -0099 to 0000 (100 BCE to 1 BCE)									
Cat Num	Calendar Date	TD of Greatest Eclipse		Saros Num	Ecl. Type		Phase Duration	Greatest in Zenith	
							Total m	Lat.	Lng.
04821	0000 Jan 10	02:04:40		63	T-		98.8	22N	16E

https://web.archive.org/web/20170118010243/https://eclipse.gsfc.nasa.gov/LEcat5/LE-0099-0000.html

Y al picarle al "Saros Num" aparece la siguiente información:

Catalog of Lunar Eclipses in Saros 63									
Seq. Num.	Rel. Num.	Calendar Date	TD of Greatest Eclipse		Ecl. Type			Phase Duration	
								Total m	
41	-03	0000 Jan 10	02:04:40		T-			98.8	

https://web.archive.org/web/20161102100242/http://eclipse.gsfc.nasa.gov:80/LEsaros/LEsaros063.html

El caso es que al picarle en la primera al "Cat Num": "04821" o al picarle en la segunda al "Seq. Num.": "41", ambos nos llevan al mismo resultado gráfico que aquí se incluye

Ahora, como la *NASA* los mete a una computadora y ésta requiere que exista el número cero, aún cuando no existió el año cero, la *NASA* toma al año 1 A.C. como el año cero, y al año 2 A.C. como el año -1, para así hacer coincidir su año 1 D.C. con el 1. D.C.

normal. Así y en ese nexo que sigue es en donde la *NASA* así lo explica en inglés, seguido de mi traducción en paréntesis:

"The Julian calendar does not include the year 0. Thus the year 1 BCE is followed by the year 1 CE (See: BCE/CE Dating Conventions). This is awkward for arithmetic calculations. Years in this catalog are numbered astronomically and include the year 0. Historians should note there is a difference of one year between astronomical dates and BCE dates. Thus, the astronomical year 0 corresponds to 1 BCE, and astronomical year -1 corresponds to 2 BCE, etc..." ("El calendario Juliano no incluye el año 0. Así el año 1 A.C. es seguido del año 1 D.C. Esto es difícil para los cálculos aritméticos. Los años en este catálogo están numerados astronómicamente e incluyen el año 0. Los historiadores han de notar que hay una diferencia de un año entre las fechas astronómicas y las fechas A.C. Así, el año astronómico 0 corresponde al 1 A.C., y el año astronómico -1 corresponde al 2 A.C.").

Basados en esta información diremos entonces que según las computadoras de la *NASA*, el año en el que Jesús nació fue el año menos dos (-2) que correspondería al año 3 A.C.

Finalmente, para entender un *"Saros"*, esto es lo que tenemos: *"Un saros (o un ciclo de saros) es un periodo de tiempo de 223 lunas (meses sinódicos: S, que es el periodo de una Luna nueva a la siguiente), lo que equivale a 6585.32 días (aproximadamente 18 años y 11 días) tras el cual la Luna y la Tierra regresan aproximadamente a la misma posición en sus órbitas, y se pueden repetir los eclipses. Conocido desde hace miles de años, es una manera de predecir futuros eclipses"*. Más datos sobre esto en: https://web.archive.org/web/20180106084919/https://es.wikipedia.org/wiki/Saros

www.ingramcontent.com/pod-product-compliance
Lightning Source LLC
Chambersburg PA
CBHW030516220526
45464CB00006B/2816